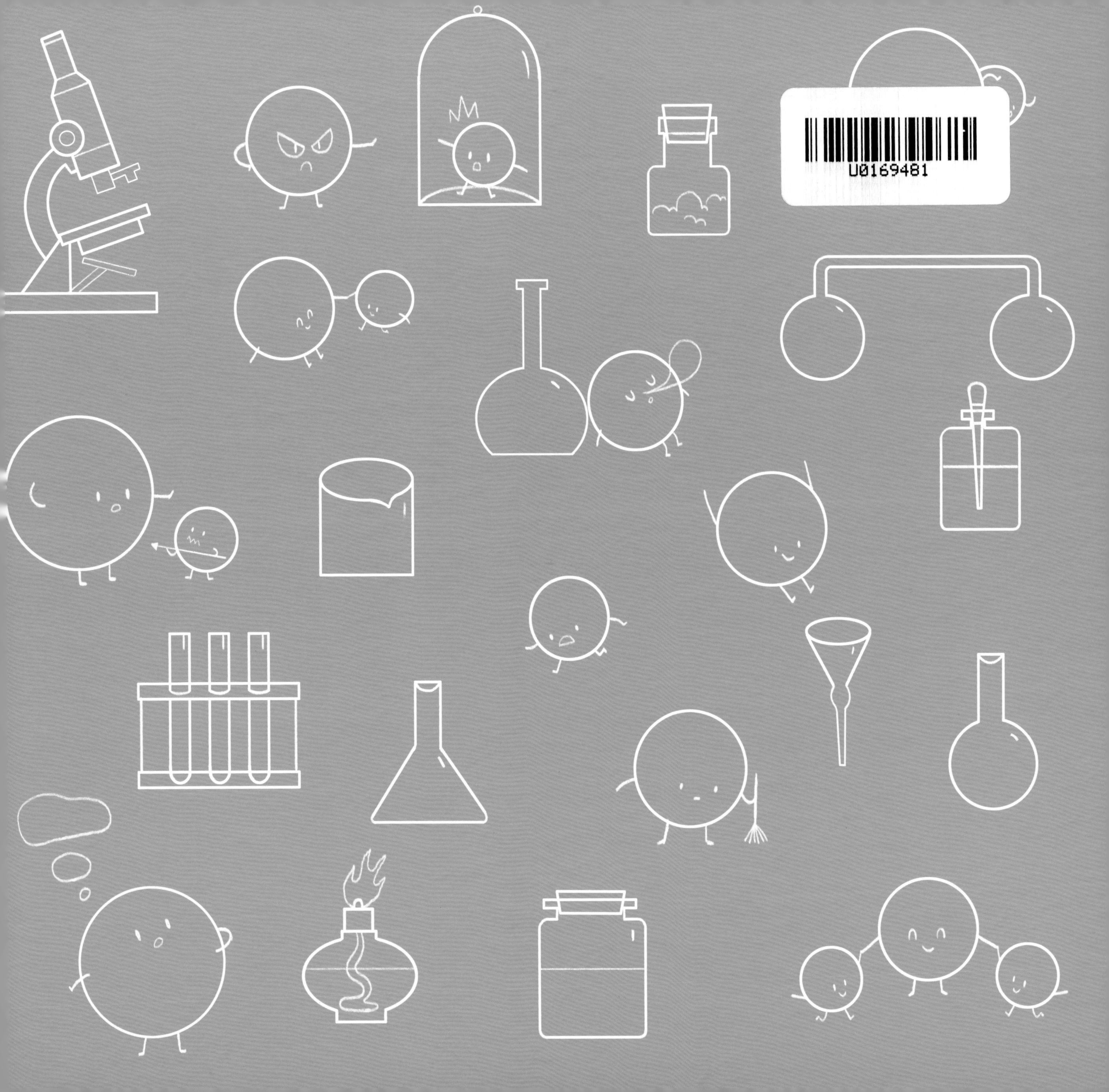

图书在版编目（CIP）数据

门捷列夫很忙 ：给孩子的化学启蒙．构成生命的四大元素 / 李金炜著 ；七洒米绘．-- 北京 ：外语教学与研究出版社，2022.10（2024.6 重印）
ISBN 978-7-5213-3961-1

Ⅰ．①门… Ⅱ．①李… ②七… Ⅲ．①化学－少儿读物 Ⅳ．①O6-49

中国版本图书馆 CIP 数据核字（2022）第 167988 号

出 版 人　王　芳
策划编辑　汪珂欣
责任编辑　于国辉
责任校对　汪珂欣
美术统筹　许　岚
装帧设计　卢瑞娜
出版发行　外语教学与研究出版社
社　　址　北京市西三环北路 19 号（100089）
网　　址　https://www.fltrp.com
印　　刷　北京捷迅佳彩印刷有限公司
开　　本　787×1092　1/12
印　　张　20
版　　次　2022 年 10 月第 1 版 2024 年 6 月第 7 次印刷
书　　号　ISBN 978-7-5213-3961-1
定　　价　200.00 元（全套定价）

如有图书采购需求，图书内容或印刷装订等问题，侵权、盗版书籍等线索，
请拨打以下电话或关注官方服务号：
客服电话：400 898 7008
官方服务号：微信搜索并关注公众号"外研社官方服务号"
外研社购书网址：https://fltrp.tmall.com

物料号：339610001

门捷列夫很忙：给孩子的化学启蒙

构成生命的四大元素

李金炜 / 著　七酒米 / 绘

外语教学与研究出版社
北京

从很多层面来说，**氢**、**氧**、**碳**、**氮**是组成宇宙、地球和我们自身的最重要的元素。

我们可以没有金银财宝，却离不开氧气维持我们的生命。

我们可以减肥挑食，却不能不喝水。

如果没有碳、氢、氮等元素合成氨基酸，我们就不会在这里聊这些元素了，因为地球上连生命都不可能出现。

接下来，就让我们跟随元素向导——门捷列夫先生，去了解氢、氧、碳、氮这元素界的“四大天王”吧。

氢是元素周期表中的第一号元素。作为名副其实的“天字第一号”元素，氢只有一个质子、一个电子，原子量也约等于 1。

它是最轻的元素。**中国近代化学启蒙者徐寿**在翻译化学元素的时候，就把它翻译成“轻气”。

今天，我们在化学实验课上，用锌和稀硫酸制造氢气。当我们将氢气和氧气混合并点燃的时候，会发出清脆的爆鸣声。

虽然氢排在元素周期表的第一位，可它在地球大气中的含量实在少得可怜，只占百万分之一。但你千万不要小看氢，它占整个可见宇宙质量的 75% 左右，如果按原子数来看，氢原子占全宇宙元素原子数的 90% 左右！它是名副其实的 NO.1！

为什么氢在地球大气中的含量这么低呢？这是因为它确实太轻了，地球的引力根本拉不住它。**地球产生的氢气不是已经逃离了地球，就是正在逃离地球的路上。**

那为什么氢又在整个宇宙中占据如此高的含量呢？这就要从神秘的宇宙大爆炸说起了。

宇宙大爆炸是目前解释宇宙起源最主流的说法。大约137亿年前，没有物质，没有时间，什么都没有。突然，不知道有没有“轰”的一声，发生了大爆炸，宇宙就在瞬间出现了。

当宇宙间第一个质子产生的时候，这时距宇宙诞生只有短短的 0.00001 秒。在宇宙形成 38 万年之后，当第一个质子捕获了一个电子的时候，我们可以说，氢原子产生了。

为什么宇宙中有那么多氢呢？因为氢原子的结构实在是太简单了，只有一个质子和一个电子。更神奇的是，**当氢原子在引力作用下聚集在一起，且压力足够大的时候，四个氢原子便会聚合成一个氦原子。**

氢
氢
氢
氢
氢
氢
氢
氢
氢
氦
氦
氦
锂
锂
锂
锂

氢元素逐渐聚集起来形成了恒星。氢元素就像一个取之不尽的燃料库，恒星们不断地使**氢聚变成氦**，以及原子序数更高的元素。

但是恒星聚变不会形成铁以后的元素，因为铁的原子核比较稳定。**而当一些质量足够大的恒星死亡的时候，会进行超新星爆炸，产生中子星或者黑洞，这种极端条件就会产生铁以后的元素，并把它们抛到宇宙中。**我们地球上的金山银矿都是这么从宇宙中“捡”来的。

氢是恒星的主要燃料，我们的太阳能够发光发热也靠它。太阳每秒要消耗约 6 亿吨氢，这 6 亿吨氢被转化为 5.96 亿吨氦。剩下的 0.04 亿吨被转化为能量向宇宙中发散，其中约 400 亿分之一的能量降临到我们的地球，使我们的生命得以演进，万物得以生长。

氢虽然最简单，但也是最伟大的元素，它燃烧了自己，照亮了宇宙！

在地球上，人类正在学习像恒星一样，把氢作为一种燃料。

我们都了解氢弹的威力，它的出现可以说是**人类研究并运用恒星力量的起点，我们也希望是这类武器研发的终点**。

液态氢和液态氧的混合物已经作为燃料把火箭送入太空，帮助人类探索宇宙。

据说，一些汽车已经开始使用氢气作为燃料。有些人认为：汽油的品质再高，燃烧后也会产生污染物，而且石油总有枯竭的那一天。但地球上的水可比石油多得多。氢燃料可从水中获得，燃烧之后又变成水，如果未来氢燃料技术真正成熟，该是多么美好的事情啊！

氢在地球大气中的含量微乎其微，但在地壳中还不算少。氢在地壳中的质量丰度排在前十名之内，比黄金多得多。这么多的氢都藏在哪儿了呢？原来，绝大多数的氢会与氧结合成水，形成大海、冰川、江河与溪流。接下来我们就来认识一下氧。

氧在宇宙中的质量丰度仅次于氢和氦，位列第三。在我们的地球上，氧的质量占地壳质量的 49.2% 左右。我们要感谢氧，它以氧化物的方式把众多元素留在了地壳里，人类才得以发现和利用这些元素。

在海洋中，氧的质量约占海水总质量的 88.9%。

我们要再次感谢氧，它拉住缥缈的氢，形成了地球的生命之源——水。

地球的年龄约46亿岁，据科学家推算，地球还能存在50亿年，也就是说今天的地球正处在“地生”最巅峰的时代。如果把地球比作人类，一个人可以活80岁的话，今天的地球不到40岁。

在地球的婴儿期到青春期这段时间，大气中氧的含量是极低的。直到25亿年前，海洋中的蓝绿藻通过光合作用制造了大量的氧气。

在距今3亿年前，大气中的氧含量达到了35%的峰值。这使得生物的体形变得硕大。**一种巨脉蜻蜓的化石显示，当时，这种蜻蜓的翅膀展开长度超过了75厘米。**

如果说氢是宇宙的燃料，那么氧就是我们地球的助燃剂。氧气被人体吸入后，与组成人体的各种元素在一起化合、反应，才有了我们的成长、发育，直至衰老。拥有这么多的氧，是我们这颗蓝色星球可以孕育生命、创造文明的直接原因。

法国化学家拉瓦锡是一位“天平达人”，他非常重视实验中的定量称重。他在一个密闭的容器中燃烧磷，燃烧结束后，容器内壁沉积了一层燃烧的产物。拉瓦锡惊奇地发现，这些物质的重量比燃烧前的磷还要重，而且增加的重量恰好等于空气减少的重量。

拉瓦锡由此提出了他的观点：火焰使可燃物与一种气体化合，形成了新的化合物。化合物的重量等于可燃物加上这种气体的重量，所以化合物比原本的物质更重。

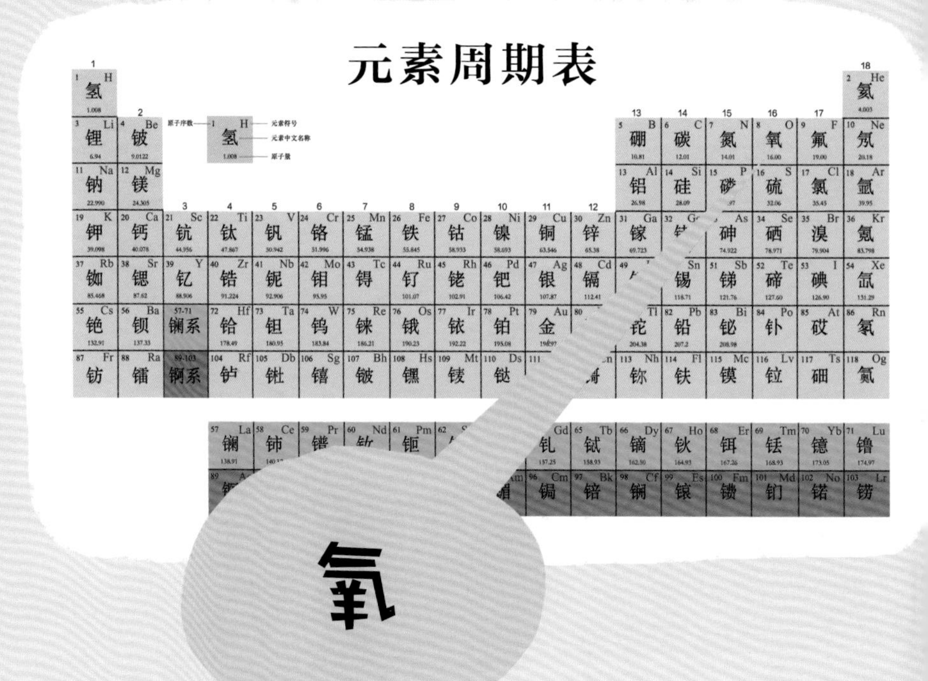

他认为**这种支持燃烧的气体是一种单纯的元素，并把它命名为“氧”**。

氧元素被发现后，人类文明彻底摆脱了“四元素说”和“燃素说”，现代化学自此开创。

普里斯特利和拉瓦锡都对同一种物质产生过兴趣。普里斯特利曾经在一座啤酒厂旁边生活了一段时间，他发现啤酒发酵桶里会释放出一种气体。**这种气体比空气重，火焰移到桶口下方的位置时会熄灭。这种气体就是二氧化碳。**

拉瓦锡曾经做过一个极其“土豪”的实验。他用一套聚光设备聚集太阳光，试着点燃钻石。结果，钻石真的燃烧了起来，而且消失得一干二净。钻石燃烧的产物也是二氧化碳。

普里斯特利和拉瓦锡无意间都和碳元素发生了亲密接触。

碳是人类最早发现并利用的元素之一，从烧炭取暖的时候就开始了。

直到今天，化石燃料仍然是我们最熟悉的碳的存在形式。煤炭、石油、天然气等化石燃料约占人类所使用能源总量的80%。它们的主要元素都是碳。**没有碳，人类文明无法维持和演进，也不会有工业革命和生产力的爆发。**

碳的用途很广！焦炭用来炼钢，木炭用来烧烤，活性炭用来吸附，炭黑可以产生漂亮的黑色，并且使橡胶制品更加坚固，墨汁、轮胎以及我们的橡胶鞋底里都有炭黑。

碳可以形成世界上最硬的东西之一——钻石，也可以形成软软的石墨。

钻石除了用来制作首饰，还是重要的切割工具，它几乎可以切开任何东西。目前全世界每年的天然钻石开采量只有大约 26 吨。

石墨除了可以用来做铅笔芯，还可以用来做焊条。尽管石墨属于非金属，但仍可以导电。这些都只是碳作为单质的应用而已。

在化学中，还有一个比化学元素宽广得多的领域——有机物。**目前已知的有机物多达几千万种。是否含碳，是有机物和无机物的重要划分标准之一。**

碳对生命来说是最重要的元素之一，它是活体细胞结构的主要成分。我们身体的大部分组织都是由含碳的蛋白质、脂肪和糖组成的。我们吃的每一顿饭其实都在补充这些物质。其中，糖类是我们身体能量的主要来源。

碳还构成了 DNA（脱氧核糖核酸）螺旋结构的骨架，没有碳，也就没有了生命。

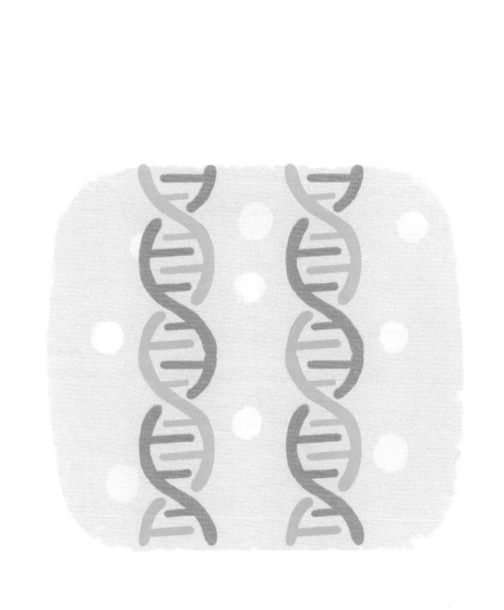

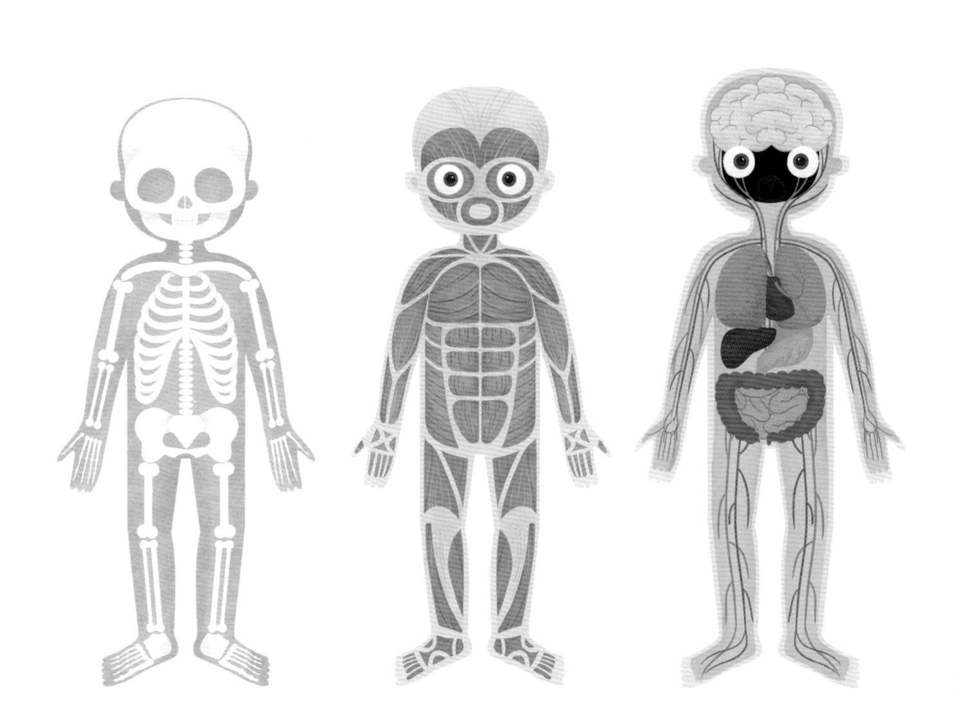

碳是如此重要！但是我们必须要知道的是，碳元素在地壳中的质量丰度只排在第十五位，比镁、锰、氟、磷等元素都要低。

因此，除了吃好喝好之外，我们更要注意节约与保护能源。

最后我们来说一说氮。中国近代化学启蒙者徐寿在翻译元素名称的时候，把氮气翻译成“淡气”，意思是“冲淡了空气的气体”。事实上，氮气占空气总体积的 78% 左右，应该说**氮气才是空气的主要成分**。我们随时都在吸入氮气，又把它随意地吐了出来。氮气不像氧气那样能支持燃烧，而且也不太活泼，看上去似乎只是在空气中充数的。不过，千万不要小看氮！

要知道我们赖以生存的氧是一种极度热情的元素，如果没有这么多“冷静”的氮把氧“控制”住，使地球大气形成一种稳定温和的状态，热情过头的氧早就把地球变成了一片火海。继续了解氮之后你会发现，它对人类的意义绝对可以和碳、氢、氧三种元素相媲美。

地球最初的生命是从何而来的呢？1953年，芝加哥大学的研究人员做了一个实验。在一个反应器中加入地球早期包含的气体：甲烷、氮气、氨气和水蒸气，然后用电流模拟闪电放电，最终得到了11种氨基酸。

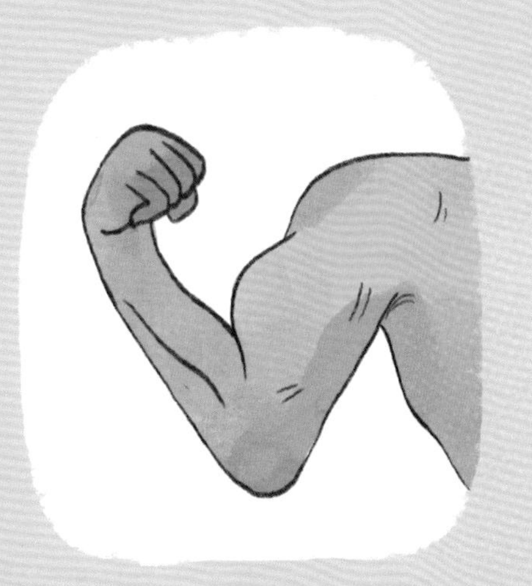

氮是氨基酸的重要组成部分，氨基酸是构成蛋白质的基本单元，而蛋白质是构成细胞的必需物质。一切动物和植物，包括我们人类，都是由细胞构成的。

虽然地球生命的成因目前还无定论，但可以确定的是：**氮和碳、氢、氧一样，是地球的“生命元素”**。

氨是氮和氢的一种化合物。它的味道可不怎么样，想知道的话，走进厕所就可以闻到了。作为一种默默“有”闻的气体，氨最初并不被人重视，直到一位充满争议的科学家出现。

德国的哈伯是一位满怀爱国热情的科学家。当时，德国的火药原料——硝石极度依赖进口。哈伯想到，既然硝石的主要成分是氮，那么空气中有那么多的氮，能不能直接拿来用呢？这时，实验室里那瓶难闻的氨让哈伯灵机一动——如果可以人工合成氨，不就等于从空气中取得氮了吗？**1904年，哈伯成功发明了人工合成氨的技术。它被称为人类历史上最为重要的发明之一。**

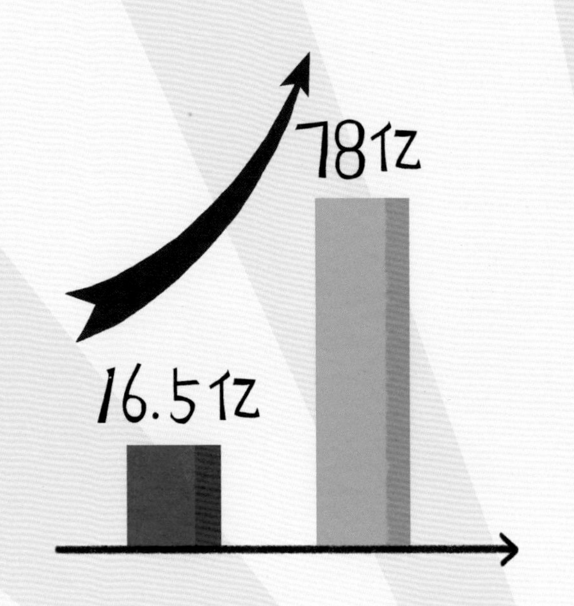

氮是农作物必需的物质之一，但只有很少的作物可以直接吸收空气中的氮。在氮肥这种廉价的化学肥料出现之后，人类的粮食生产进入了一个全新的时代。1900 年，全球总人口为 16.5 亿左右，今天已经超过了 78 亿。可以说，粮食的增产，人口的增长，氮肥功不可没。

哈伯本来已经为人类发展创造了丰功伟绩，但是他在第一次世界大战期间犯了一个错误：研发了化学武器——氯气弹。

1918年，诺贝尔化学奖竟然颁给了哈伯，以表彰他发明了合成氨，这引起了巨大争议。从此，哈伯在自责和反省中度过了余生。

这就是氢、氧、碳、氮的故事。没有它们，地球的生命无法起源，人类的文明无法进步。

我们再来看看中国人与氧气发现的关系。

1807年，德国的一位东方学家克拉普罗特发表了一篇论文。他说他看过一本60多页的中国古书抄本，叫作《平龙认》，写于公元8世纪的唐朝。书中有一节叫《霞升气》，大意是：空气分为阴气和阳气，阴气可以取出，用加热青石、火硝的方法就可以产生阴气；在水中也有阴气，不过它和阳气紧密结合在一起，难以分解。

这阴气说的不就是氧气吗？难道中国人早在 1000 多年前就知道用加热的方式产生氧气？连水里有氧但很难分解都知道？

现在可以确定的是：《平龙认》应该是**一本堪舆学的书籍，也就是讲风水的书**。至于阴气到底是不是氧气，就看你怎么认为了！

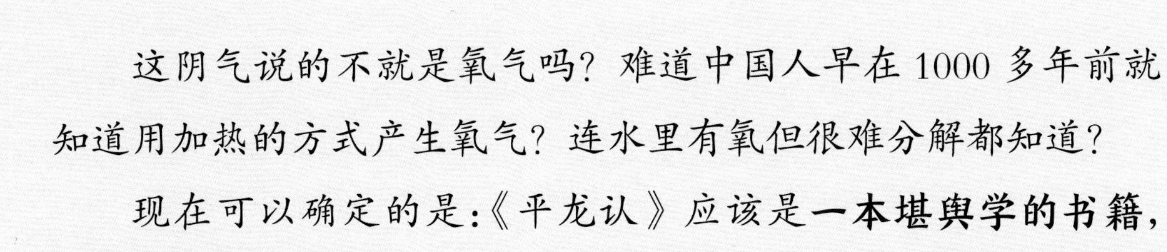